中国国家地理·图书
CHINESE NATIONAL GEOGRAPHY

重生吧，垃圾！

当垃圾离开你的家，
它们将经历哪些神奇的变化？

[意] 安娜丽萨·法拉利 著　[意] 麦克·马瑟里 绘
李金韬 文铮 译

北京联合出版公司
Beijing United Publishing Co.,Ltd.

目录

我们说到哪儿了?

大家好，还记得我们吗？我是生态学家毛利斯，这位是我的小猎犬卢比。从古至今的臭味都逃不过卢比的鼻子！
我们曾带领大家游览了历史上的各种垃圾！
哎呀……你们看，我身上还有那些垃圾留下的痕迹呢！
糟糕！
嘿！嘿！

不管你有没有看过《垃圾历史书》这本书，或是已经把它丢进垃圾桶里了，都不用担心。现在，我和大家一起再来看看这本书主要讲了些什么。
早在新石器时代，就开始出现垃圾问题。那时，很大一部分人都想生活在又窄又挤的地方，也就是城市里！
我们来画一条时间轴，起点为公元前3000年，终点为现在。在这条时间轴上，垃圾的历史可以被分成两个时代：粪便时代和塑料时代。
嗞嗞！
嗞嗞！
粪便时代
塑料时代

粪便时代

在一些大城市中，由于清洁措施不到位，垃圾处理系统不完善，粪便——哦不，专业名称应该是有机垃圾——便会堆积成山。更可怕的是，3000多年来这种情况始终没有得到改善：一团团臭气熏天的淤泥淹没了大街小巷，这些黑不溜秋的淤泥里混杂着人、畜的粪便，以及吃剩下的饭菜和各种鱼、肉作坊里废弃的残渣。总之，城市不像城市，倒活脱脱地犹如露天的公共厕所一样！

公元前3000年

在克里特岛上的克诺索斯，人们建造了最早的垃圾掩埋场

公元前1000年

亚述人和巴比伦人建造了最早的原始下水道系统

公元前616年

罗马人建造了马克西姆下水道

公元前500年

在雅典，诞生了历史上第一个城市道路清洁机构

公元前45年

在罗马，恺撒大帝的继承者奥古斯都大帝设立了专门的道路管理员职位，主要职责是维持道路的干净、整洁

记得还要发明一个下水道口的井盖呀！

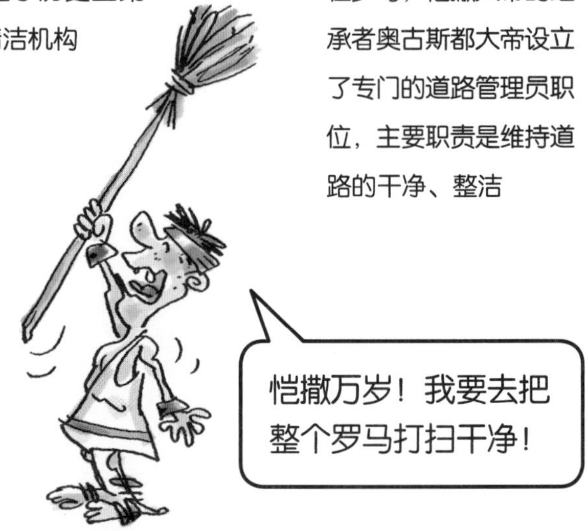

恺撒万岁！我要去把整个罗马打扫干净！

治理垃圾的国王

我来到，我看见，我清扫！

在垃圾治理的历史上，有一位值得我们铭记的人物，他就是尤利乌斯·恺撒。提到恺撒，你可能首先会想到电影中那个不择手段想要打败阿斯特利斯和奥比里克的讨厌鬼，但现实中，他其实是一位力图把罗马帝国从成片的垃圾中拯救出来的国王。恺撒设立了一个道路清洁机构，定期打扫城市的卫生。

公元500年：中世纪时期，由于外族入侵，有机垃圾再次涌入欧洲各个城市中

公元1348年：黑死病爆发，这场瘟疫使欧洲锐减了1/3以上的人口

公元1596年：约翰·哈灵顿发明了抽水马桶

公元1700年：清洁服务机构重新出现在一些小型城市中

公元1858年：伦敦大恶臭事件，这时的伦敦脏得令人作呕

公元1865年：伦敦和巴黎建造了现代最早的排污系统

没准300年后就好使了！

下水道万岁

有机垃圾除了带来许多卫生问题以外，还无形中污染了河流，传播严重的传染性疾病。垃圾所到之处，都留下一股股令人窒息的臭味，但正是这股呛人的臭气却推动了下水道的诞生。

近代，每当瘟疫、伤寒或者天花等疾病爆发时，欧洲城市的人口就会大量减少。19世纪末，一场霍乱横扫了整个欧洲，伦敦也没能幸免。当时的英国疆域辽阔、实力强大，但伦敦身为这个殖民帝国的首都却是受灾最严重的城市之一。

伦敦是当时世界上最大的城市，但也是脏乱不堪的城市之一！伦敦城里大部分污水井都堵塞不通，一条条河流和简陋的污水渠往泰晤士河里没完没了地排放污水。在这种肮脏的环境中，细菌大量繁殖，然后随污水渗到土壤里、流入地下水和河水中。这些地下水和河水最终渗入井里，成为人们的饮用水。

但是，当时医生和科学家并不知道如何应对这些来势汹汹的疾病。更可悲的是，他们认为笼罩在城市上空的团团臭气才是这场疾病的罪魁祸首，而因此所采取的一系列防治措施反而加速了疾病的传播。

1858年的夏天，满目疮痍的伦敦又陷入更恶劣的状况。当时，一股猛烈的热浪向伦敦袭来，随之而来的是前所未有的干旱。这使泰晤士河的整体水量急剧缩减，河中污水的浓度达到了前所未有的高度，恶臭的空气几乎令人窒息。

河中刺鼻的臭气飘到附近的河岸上，然后飘进了威斯敏斯特的议会大厅里。议员们因为忍受不了这个味道而四散奔逃。这次事件被后人称为伦敦大恶臭。

当时，由于人们害怕恶臭的蔓延会引发大规模的传染病，所以在短短几天之内确立了一项新法规：将泰晤士河彻底清理干净。随后，工程师约瑟夫·巴扎尔加提就开始了一场浩大的工程，最终他成功组织修建了2000多千米长的下水道。

随着这个下水道系统的运行，污水不再直接流进河水里，也不再注入城市的中心地带，而是乖乖地待在下水道里；在两个巨大抽水站的帮助下，这些污水会被排放到山谷中。这样一来，污水远离了城市，还可以借助潮流汇入大海，进而避免污水倒流回城市的情况发生。

巴扎尔加提的这个杰作被认为是19世纪最伟大的工程之一。如今，伦敦下水道网的运行原理依然遵循他所发明的这套系统。

不久后，巴黎开始效仿伦敦。在乔治·霍斯曼男爵的授意下，一整套可以媲美英国下水道系统的设施在巴黎竣工了。与此同时，约翰·哈灵顿男爵发明的抽水马桶也开始投入使用。这种马桶慢慢地被人们广泛接受，它的出现终于解决了粪便处理的问题。从此以后，人们终于可以和这种长期“盘踞”在欧洲的有害垃圾说再见了！

隐形杀手

1854年，一场霍乱席卷了伦敦，无情地夺走了成千上万人的生命。当时人们都认为飘浮在空气中的臭气是造成这场瘟疫的罪魁祸首，但是事实却并非如此。英国医生约翰·雪诺（1813—1858）发现，导致无数人丧命的真正原因其实是人们日常饮用的来自泰晤士河中的那些早已被污染的水。通过观察一个死亡率最高的社区，雪诺惊奇地注意到霍乱的传染源主要集中在一个喷泉附近，而且这个喷泉里的水正是人们日常的饮用水。他果断地关闭了这个喷泉，结果疾病的传播果然得到抑制，但是这个喷泉却在几天后又被重新打开了。

“肉眼观察不到的微生物会引发非常可怕的疾病”，由于这个观点实在是太超前了，当时的科学界根本不接受它。几年后，1865年，路易斯·巴斯德（1822—1895）的研究成果正式标志着微生物学的诞生。在经过不断的实验之后，巴斯德提出了著名的疾病细菌学说。他认为各种疾病是由无数的微小细菌引发的。1883年，罗伯特·科赫医生（1843—1910）发现了许多疾病的病原体，其中就包括霍乱弧菌。当时，这些讨厌的细菌无孔不入，它们跑到肮脏的河水里，潜伏在井水中，藏在城市的喷泉里。

塑料时代

19世纪末，人们刚从粪便这一主要垃圾源中解放出来，却又很快发明了另一种垃圾。这种垃圾更危险，也更难降解，那便是——塑料。塑料是以石油为原料制作的，而石油是经过了极其漫长的变化过程，经历数百万年才形成的一种物质，是大自然母亲一点一滴孕育出来的宝贵财富啊！

1769年

詹姆斯·瓦特发明了蒸汽机，拉开了第一次工业革命的序幕

1848年

在英国，诞生了第一部关于公共健康和垃圾处理的法律——《公共卫生法案》

1859年

在美国宾夕法尼亚钻出第一口油井，标志着石油工业的诞生

1869年

塑料的雏形“赛璐珞”诞生

1870年

英国帕丁顿建造了第一座公共焚烧炉

献给塑料的诺贝尔奖

一个意大利的化学家居里奥·纳塔摘得了1963年的诺贝尔化学奖，也正是他申请了聚丙烯的专利，聚丙烯是当时使用最多、最著名的一种塑料。随后，人们又开始毫无节制地用这种材料生产世界上大部分不可回收的商品；然而，在短短的时间内，这些商品却变成了成堆成堆的塑料垃圾。

这难道是我的错吗？

啊！看，这是我们的进步！

1883年

在巴黎，独立的圆柱垃圾桶替代了原来的垃圾收集站

女士，请您把垃圾倒在垃圾桶里。

1920年

美国开始试验垃圾卫生填埋的处理方法，诞生了第一批有监管机制的垃圾回收站

1950年

经济繁荣期，在美国产生了一次性商品消费主义的现象

1996年

欧洲针对垃圾处理立法，预防及回收利用被列为当时的重要任务

城市固体垃圾

第一次工业革命之后，成千上万的人背井离乡，迁移到城市中去生活。在城市里，一家家崭新的工厂抛出了诱人的橄榄枝，让人们看见了更美好的未来。从19世纪上半叶起，这种从乡村向城市迁移的趋势一直不断加强。起初，城市人口只占总人口的16%，如今已经发展到70%。

在第二次工业革命时期，许多现代技术应运而生，但同时，也有越来越多的人蜂拥到城市里。为了满足城市中日益增长的生活需求，人们利用这些现代技术进行大规模的生产——在工厂中，出现了批量生产的方式。这样生产出来的产品要比手工制作的商品便宜许多，更容易满足大家的需求。

短短几年，新来的居民就适应了城市的生活节奏，他们的生活习惯也被潜移默化地改变了。以前，家里的一样东西上一代人用过之后会传给下一代继续使用，直到它完全变了模样，失去了使用价值。但后来，一件物品最多使用十几年就再也不见它的踪影了。20世纪中叶，乡村文化中有关“节约”和“回收利用”的观念一再被弱化，而“不断消费”和“一次性使用”的生活方式却正在成为社会的主流。

消费量的不断攀升直接导致欧洲城市居民的人均垃圾量在短短的一百年内增长了十倍之多！在这些成堆的垃圾中，除了许多有机垃圾和可降解的垃圾以外，还有大量的城市固体垃圾，后者更难被处理。以前，纸、玻璃和金属等都是很贵重的材料，但是后来它们不再被当成一次性消耗品，甚至沦落成其他商品的外包装，最后被丢弃掉。

如今，垃圾俨然变成了生活中的一个负面符号。从人们现在的一举一动来看，这种不断消费的势头还在继续恶化：大量前卫、先进的产品充斥着我们的眼球，而那些本来还能用的物品被我们当作过时的产品扔掉。最后，垃圾变得越来越多，而人们盲目地处理这些垃圾，不择手段，不惜采取危害环境的方法。其实在无形之中，我们正在折损地球的寿命！

一次性的星球

1950—1970年，美国和欧洲正值经济的繁荣期，对于当时的人们来说，一批批廉价的商品简直唾手可得。随后，这种用过就丢弃的“一次性使用”观念慢慢地在社会中蔓延开来，到了21世纪竟然变成了社会的主流思想。如今，几乎所有人都会把一些本该还能使用的物件早早丢掉，甚至认为仅仅用过一次的东西就已经是垃圾了（想想塑料快餐盒和塑料杯子的命运）。但是，在当今的生活中想要养成回收利用的习惯也是很困难的，因为这些商品的价格一个比一个低，与其回收、修理一个旧物件，还不如直接买一个新的更方便。

以上这些情况不仅会给垃圾处理工作带来极大的困难，还会对气候产生非常负面的影响，更会破坏我们与自然界中其他生物共同生活的家园。因此，我们急需从根本上拯救我们的星球！

垃圾的“同伙”——环境污染！

从19世纪到20世纪，垃圾要么被一股脑儿地堆在垃圾场里，要么在滚滚浓烟的焚化炉里化为灰烬。当时，既没有与垃圾处理相关的法律，也没有管控垃圾的措施。人们都天真地认为处理掉这些垃圾不过是小菜一碟，谁又会考虑以后呢？就这样，几十年来，我们都生活在这种自欺欺人的错觉中。

直到20世纪末，人们才恍然大悟，认识到从前不恰当的垃圾处理方式其实大大地污染了环境。从那时开始，垃圾处理方式被不断改进，人们尽量把垃圾对环境的不良影响控制到最小。同时，人们也终于意识到垃圾场和焚化炉并不能让垃圾凭空消失，它们只是让垃圾变了个样子而已。就在这时，巴里·康芒纳（1971）提出了生态学第一法则，即“世界万物息息相关，一切事物都必然有其去向……”，这为我们提供了新的解决思路。

为了减少环境污染，人们尝试将垃圾卫生地填埋在一起，垃圾掩埋场便由此而生。同时，从前漫天黑烟的垃圾焚化炉也变成了清洁的热力焚化炉。这两种新型的垃圾处理系统不仅能把浓烟、有毒气体和垃圾渗沥液等污染物的排放量控制到最低，还能把垃圾转化为能源，变废为宝！

满地的垃圾坑

几千年来，处理垃圾最快捷的方法就是在地上挖出许多大坑，然后把成堆的垃圾倒进去，最后盖上土，一切“大功告成”。可笑的是，直到今天还有很多地方乐此不疲地使用这种方法。但是这根本就不是长久之计，因为现今的垃圾不计其数而且危害性比过去更大。

在这些垃圾坑里，各种垃圾直接与土地接触，垃圾里的有害物质大肆地渗透到土壤里。一段时间之后，一部分垃圾开始腐烂，混合着雨水从固态变成液态，形成“垃圾渗沥液”——一种混合着各种生物、化学有毒物质的废水，它能渗透到土壤里面，污染地下水和河流；另一部分垃圾则开始生物降解，也就是从固态变成气态，形成“生物气体”——一种主要由甲烷和二氧化碳组成的混合气体。这是一种有恶臭气味的污染气体，方圆几百米都能闻到它那刺鼻的味道。此外，腐化的垃圾还会招引来许多生物，而这些生物会传播潜在的疾病。

老实说，这一幕幕前工业时代的场景在我们现今的生活中还在上演着，并且不断恶化：现在大部分的垃圾，比如塑料、金属、聚苯乙烯和玻璃都需要很长的时间才能完成生物降解的过程，也就是说，这些废物要“赖”在一个个垃圾坑中几十年、几百年甚至几千年！

老旧的垃圾焚化炉

和早期的填埋方法一样，焚化也是最古老的垃圾处理方式之一。熊熊燃烧的火焰能够在顷刻间把大量棘手的垃圾化为一撮灰烬。当时在英国和美国，就连高楼大厦里都摆满了这些焚化炉，但在19世纪末，由于垃圾的种类越来越多，危害性越来越大，地方政府开始修建高耸入云的公共焚化炉。这些庞然大物每天会吞下成吨的城市固体垃圾，还会不断吐出大量的剧毒浓烟。这些垃圾的材质大多为塑料，燃烧后从固态变成气态，飘散到空气中。这也是为什么烟囱中总是会冒出滚滚黑烟的原因。这些浓烟非常刺鼻，里面含有二氧化碳、一氧化氮等对人体和环境极其有害的物质。除此之外，垃圾燃烧还会产生带有重金属元素的悬浮颗粒、具有挥发性的有机物质和臭名昭著的二恶烷——每当燃烧温度超过180摄氏度时，塑料就会产生这种剧毒气体。二恶烷会侵入到土壤中，破坏农作物的生长，威胁所有生物的健康。

工业垃圾

之前，由于新型城市垃圾处理不当，引发了一系列环境污染的问题。一波未平一波又起，我们将面对更让人头疼的问题——工业垃圾的处理。

从中世纪起，欧洲各个城市就一直想解决这个问题，但是他们要么只是把污染较重的生产活动挪出城市，要么索性把这些生产活动圈定在城市的一些地区。直到今天，我们还能在许多中世纪建造的城市里找到当时这些工业区的影子。它们的许多道路和广场正是以过去工业作坊的名字命名的，比如工厂路、羊毛路、皮革路等。

工业革命之后，人们继续沿用上面这两种方法，这种理念也流传至今。在城市周围，我们能看见一圈工业区，那里的工厂大肆地排放着垃圾，污染着周围的环境。垃圾中的有毒物质渗透到土壤、河流中，从工厂的烟囱里冒出的浓烟笼罩着天空，久久不能散去。

新敌人

工业革命催生的生产、运输系统和各种不恰当的垃圾处理技术给我们的生活带来了许多新“敌人”：

★ 剧毒物——能够瞬间对生物造成损害，引起生物不同程度的中毒反应。

★ 致癌物——最狡猾、最可怕的对手，能够一点一点地蚕食生物的细胞，最后达到不可治愈的地步。

★ 致畸物——能够导致人类和其他动物胎儿畸形生长。

制定法律

在意大利，直到20世纪70年代，国家还在沿用1941年的垃圾处理法，而这个法律居然还是以古罗马时期的《城市尤利亚法》为蓝本！当时城市里所有的垃圾都通通被倒在城外临时挖出来的垃圾坑里，人们还给这些垃圾坑起了名字——地洞！真是好名字啊！

走在意大利城市外面，“3步一个垃圾坑，5步一条臭水河”，就连非常危险的工业垃圾都被堆在光天化日之下！1976年出台的《梅林法》首次遏制了这种胡乱处理垃圾的恶习，这个法规明令禁止将城市污水和工业废水随意排入河中。

1975年和1978年，欧洲共同体下达了两条有关垃圾处理的总指示，1982年意大利政府将其纳入到法律中。这些法律要求人们通过垃圾填埋场和热力焚化炉正确地处理生活中的垃圾。此外，政府还要求各个企业必须处理掉危险的工业垃圾，确保这些垃圾不会危害人们的生活和自然环境。

不幸的是，情况非但没有好转，还在进一步恶化。由于人们的消费量与日俱增，每天产生的垃圾根本多得数不过来。而那些垃圾填埋场和焚化炉承受不住如此大的负荷，没办法处理没完没了的城市和工业垃圾。

另外，虽然法律规定要完善工业设备，建立新的垃圾处理中心，但是真正实施起来却要比想象中难好几倍。在各个地方，尤其是在意大利，人们本应该起身声讨那些技术专家和政客，因为他们本该想出垃圾处理的新点子。但可悲的是，人们并没有这么做，最后还是选择用最少的钱让这些污水、煤渣和危险的固体垃圾以最快的速度在人们的眼前消失。

不行，这儿不行！

当时遍地的“地洞”和冒着滚滚浓烟的焚化炉已然成为人们噩梦般的回忆。人们也因此有了两种相似的态度：老百姓反对这些垃圾处理设施的建设工程，大声呼喊着：“别建在我家的后院里！”而那些道貌岸然的政客也顺理成章地把这些工程拒之于千里之外，小声嘀咕着：“别在我的任期内搞这些建设！”这种现象出现在当时的世界各地，被称为邻避综合征。

阴谋，失败了！

20世纪80年代，大概30%的有害垃圾经常像变魔术一样消失得无影无踪，但这背后却隐藏着巨大的阴谋。许多猖狂的非法企业打着“生态黑手党”的旗号，鬼鬼祟祟地把大批的有害垃圾从西方国家运走。

这些垃圾往往被运到非常贫穷的国家，因为只需要一小部分钱或者几杆枪，当地人就会心甘情愿地把自己的家乡当成别人的临时垃圾场。除此之外，大海深处也是这些垃圾掩人耳目的“好”去处。从意大利和欧洲的各个港湾，常常会驶出许多真正的“垃圾舰队”，但是这些“舰队”的指挥员认为与其让它们完成整个航行，到达终点，倒不如让这些船舰沉没在半路的汪洋大海中来得更方便！这些船就是所谓的“弃船”。船上载着种种有毒和具有放射性的垃圾，它们的命运就是和这些垃圾一起消失在海洋深处。

由于当时这种处理垃圾的诡计被隐藏得很好，所以直到今天我们还要继续调查，通过船只的残骸来还原事实真相。意大利记者拉里亚·阿尔皮就为此英勇牺牲了。当时，她一直在索马里调查这些非法运输活动。1994年，她和她的摄像师米朗·赫法亭被残忍地杀害了。

到了20世纪90年代，大范围的环保抗议让这些西方国家不得不重新承担起垃圾处理的重任，平息“出口”各种垃圾的国际丑闻。那些意大利政府曾经雇佣的垃圾船到后来被称为“剧毒船舰”。

意大利的垃圾

意大利的“生态黑手党”还会把垃圾运送到更近的地方。从20世纪80年代开始，大量意大利北部甚至国外的有害垃圾都被一股脑儿地送到了意大利的南方地区。南方耕地、牧场、河流和地下水中有毒物质的超高含量都证实了这一点。

一方面这种垃圾南运的趋势不断增强，另一方面在各个居民区里，城市固体垃圾也逐渐堆积成山。究其原因，一是缺少管控垃圾的政策，二是建立垃圾分类系统的提议几番夭折。但是这种严峻形势催生出的解决方案非但没有改善原有的情况，而且还雪上加霜。

举个例子来说，在意大利的坎帕尼亚大区，由于各个垃圾场早就堆满了垃圾，而且高效的现代垃圾处理中心迟迟没有竣工，所以当地政府对一车车运来的垃圾根本束手无策。因此，在1994年，意大利政府设立了垃圾特派员这个职位。从那时起，有10多个官员走马上任，但是没有一个人能切实地解决垃圾问题。他们一共浪费了至少20亿欧元的公款，但情况反而变得更糟糕了。

非法的垃圾勾当

与走私毒品和敲诈勒索相比，黑社会能从非法的垃圾勾当中谋取更大的利润。据2008年的数据显示，意大利非法运输的有害垃圾大概有1450万吨。这些垃圾让“生态黑手党”谋取了33亿欧元的暴利。可悲的是，这种肮脏的交易直到今天仍然非常猖獗！

垃圾捆

这一个个方方正正、排列整齐的垃圾捆可不是为了掩盖意大利遍地垃圾的事实。虽然掩盖真相的谎言在意大利层出不穷！20世纪90年代初期，愚蠢的垃圾特派员们犯了一个很严重的错误——尽管他们采取了竞标的方式，但还是不应该把从建设垃圾处理设施到垃圾管理这一整套工作，完全交给企业来负责。到最后，这些企业没有遵守任何一条规定。

之前各家企业都为了建设不同的垃圾存储设施忙得不可开交，因为他们本来应该负责把自身企业一半的垃圾打包储存，之后再送到现代的焚化炉中，通过燃烧让垃圾产生能量。剩下的一半垃圾则应该分类回收，再次利用。

但是，根据现实情况来看，没有一家企业严格遵守这个流程。更可笑的是，热力焚化炉还没完工，各家企业就不分青红皂白地把包括有机垃圾在内的所有垃圾都打包压缩成一个个垃圾捆。

就这样，囤积在垃圾存储中心的垃圾捆开始发臭腐烂，那些原本只是临时堆放垃圾的地方变成了一个个真正无人看管的垃圾场。从那里流出来的垃圾渗沥液和飘出来的缕缕生物气体无时无刻不污染着土壤和附近的居民。最后，在人们的抗议和政府不断的勒令下，这种垃圾处理活动终于被停止了。但为时已晚，城市的大街小巷早已遍地垃圾。

这些可怕的垃圾危机在意大利的不同地区不断上演着，而且主要集中在那些依靠填埋来处理垃圾的地区。

面对成山的垃圾，气急败坏的人们只顾着把它们都倒进垃圾坑里，只想着放一把火把它们烧得干干净净。还有那些黑社会组织，烧了垃圾就转头数钱去了。但是这样无节制地燃烧垃圾会排放出大量的二恶英，严重威胁人们的健康和农作物的生长。面对这种危机，我们往往只能把那些堆积如山的垃圾打包装车，运送到欧洲的其他国家去，因为那里往往有着使用了好几十年的热力焚化炉。虽然这种方法要浪费很多钱，但是除此之外，别无他法。

对垃圾销毁说不

1950年之后，堆积的垃圾数量实在是太多了，就连那些最完善的垃圾处理系统都不能控制销毁过程中对环境的不良影响。

欧盟是最早认识到这个问题的政治机构之一。它曾呼吁，人类对环境和垃圾处理问题的态度急需根本性的转变。之后，回收利用的观念逐渐走进人们的生活，各种与之相关的新型法规也不断出台。法规的制定，一方面鼓励人们通过垃圾分类的方式实现废物的再利用，另一方面着力于规范垃圾处理的方式。

其中，1996年颁布的法规就规定，不到束手无策的时候，欧洲绝不能采取销毁的方式来处理垃圾。与此同时，垃圾的预防工作也变成了重中之重。换句话说，人们开始致力于生产清洁产品。这些清洁产品既不需要浪费过多的原材料，也很容易被回收再利用。

当时，人们希望整个欧洲都能培养起垃圾分类的意识，家家户户都能严格遵守垃圾分类的标准，并在2020年以前，至少回收再利用50%的垃圾。

1997年，意大利环境部部长隆其颁布了一项重要的法令——《隆其法令》。这项法令是意大利垃圾法中的一个重要节点。《隆其法令》铿锵有力地指出：治理污染不能只依靠先进的垃圾处理技术，关键还是要减少总体产生的垃圾数量。

后来，垃圾“4R”政策也应运而生。“4R”指的是：减量（Riduzione）、复用（Riutilizzo）、再生（Riciclaggio）和能源回收利用（Recupero）。

具体来说，首先要节约资源，防止垃圾的产生；但是废弃物的出现在所难免，所以就要对它们进行重复利用；最后再把这些垃圾回收处理，生产二次能源。实际上，在“4R”当中，最环保、最有效的方法就是垃圾减量，也就是尽可能地物尽其用，这样垃圾的数量自然而然地就减少了。不知道你们是不是还记得，这正是我们以前的优良传统呀！不过说到底，想要达成上述目标并不容易，因为除了要投资研发许多环保技术以外，最重要的就是转变人们对于垃圾的错误观念。

好兆头

如今，所有欧洲国家的新目标是将70%的垃圾回收利用，生产二次能源。

根据对21世纪头10年的垃圾回收率统计，欧洲垃圾回收的桂冠落在了奥地利的头上。奥地利的垃圾回收利用率达到70%，只有28%的垃圾被送到热力焚化炉里，而且仅有2%的垃圾被填埋处理。紧排其后的是德国。德国的垃圾回收利用率为66%，在填埋场和焚化炉里销毁的垃圾只有34%。瑞士和荷兰也都在这10年里大力提高本国的垃圾利用率。除此之外，在丹麦和比利时，垃圾分类的观念早已深入人心。意大利、法国和英国的垃圾回收率在欧洲只能算是中等水平，这些国家的回收利用率虽然接近50%，但是仍有一小部分垃圾需要通过焚烧处理，而且垃圾的填埋率高达40%。但幸运的是，这些垃圾都被运到了正规的卫生填埋场中。在那里，垃圾经过腐烂分解之后，可以再生出生物气体资源。在这10年中，土耳其和保加利亚的垃圾回收率排在最后一名。根据2009年的数据显示，这两个国家当时几乎还把所有的垃圾都一股脑儿地倾倒在垃圾场里，而这些垃圾场往往是那些非常原始的垃圾填埋场。

最值得一提的是意大利的特伦蒂诺·上阿迪杰大区和威尼托大区。在这两个地方，人们将60%的垃圾分类处理；此外，艾米利亚·罗马涅大区也实现了回收利用54%的垃圾的成果，并且和伦巴第大区一样，通过热力焚化炉再生出大量的二次能源。总体来说，整个意大利的中北部正在慢慢达到欧洲的垃圾处理标准，但是在中南部，这种分类措施实施起来简直就是举步维艰。同样的，大城市的情况要比小城市好得多，究其原因，还是因为垃圾的收集工作不到位。

地球有保质期吗？

今时如同往日，我们从垃圾问题上就能看出富人和穷人的区别。

30年前，在世界上的一些贫穷地区开始盲目地发展经济，以致经济畸形增长。这一举动不仅使城市中的人口爆炸，也使原本平稳的城市化进程走上了一条不归路。

试想一下，一个个巨大的贫民窟扎根在大城市的垃圾场里是什么样的情景：成千上万的人挤在这种脏兮兮的环境中，他们身边连厕所这种最基本的卫生设施都没有。伴随着他们的只有垃圾、污水以及各种可怕的传染病。

其实我们对这种场景并不陌生，它和当年中世纪的情况如出一辙。也就是说，棘手的环境污染问题还没有得到解决，人们又要面临着来势汹汹的微生物污染。这个问题早已经被遗忘了100多年，没想到又卷土重来。

3000年来，我们一直在处理有机垃圾的问题。但是，我们的地球不会再给我们另一个3000年的时间来解决塑料污染的问题。首先，过度的开采迟早会让地球“弹尽粮绝”。森林被称为地球的“绿色之肺”，它和淡水、石油一样，都是重要的自然资源，但是这些自然资源并非无穷无尽，如果这样无节制地开采下去，总有一天会消耗殆尽。另外，人们不断地产生一座又一座垃圾山，想要处理这些垃圾，不仅难度很大，而且会更污染我们的环境：运送垃圾的卡车、轮船会排出难闻的尾气，对第一产业中化学废料的随意处理会排放大量的有毒气体，垃圾工厂中的滚滚浓烟更是让人喘不过气来。种种这些，都会毫不留情地破坏保护地球的臭氧层，对环境造成难以弥补的危害。

说实话，我们人类就像是一个不合格的飞行员，正驾驶着地球这架“飞机”，一步一步地驶向深渊……

周而复始

?
谢天谢地，人类终于解决了棘手的有机垃圾问题。但是，人类能克服不断消费的观念吗？城市固体垃圾会是人类的下一场灾难吗？
我们不应该再浪费资源了，不能再眼睁睁地看着宝贵的资源沦落成一无是处的垃圾。我们还是应该将这些资源物尽其用……但是，要怎么做呢？
很简单，我们只要重新养成以前的好习惯就可以了。垃圾的回收利用可不是什么新鲜事，更不是只在当今才流行起来的……
回收利用的传统可以追溯到好几千年以前，垃圾的历史恰巧向我们说明了这一点！

在自然界中，其实并没有垃圾这一概念。在生物圈里，一个生物的废弃物对于其他生物来说可能就是宝贵的资源。它们循环利用这些“废弃物”，物尽其用，根本不存在浪费的现象。

古时候，人们的生活方式和大自然的循环很像。古人与自然和谐相处，就连有机垃圾都寥寥无几。如果你不信的话，可以去看看那些还维持着传统习惯的民族，世世代代以来，他们始终没有污染自己的家园，更没有成堆的垃圾。

在农村，由于资源非常紧缺，所以几乎所有东西都会被重复利用，也就是我们所说的物尽其用。一个物件往往会在全村人的手里传来传去，谁也不舍得马上扔掉。到了工业社会，那些在富人眼里没用的、被扔掉的东西，到了穷人手里却像金子一样珍贵……

为了生计，一物多用

人类很早就积极地投身于废弃物的回收、利用中，这不仅可以维持生计，没准还能发上一笔小财。

据推测，人类回收利用废物的历史可以追溯到公元前2000年，那时候欧洲人不忍心看着铜这种宝贵的材料被浪费，所以将大量的铜制品回炉重铸。

当时在中国，人们学着大自然母亲的样子，就地取材，亲手制作农耕用的肥料。这是历史上最鲜活的废物利用的例子。

一直以来，世界各地的农民都用各种有机垃圾饲养牲畜，给土地施肥，但是中国的农民却要更高明一些。他们早就知道必须先对这些废弃物进行适当的处理，才能真正变废为宝，造福一方。他们找到了制作肥料的窍门，一步步地研究，探索出制作各种好肥料的配方。当时的肥料几乎可以与现在最先进、最精密的仪器所配制出来的化肥相媲美。

你可能会觉得重复利用你家里垃圾桶里那些潮乎乎、又酸又臭的垃圾很恶心。但你想过没有，在贫苦、饥荒不断的年代里，我们的祖辈连饭都吃不上，更别说拥有和使用现在躺在你垃圾桶里的这些“垃圾”！

那个狗尿还热乎着吗？
热乎，热乎！早上小家伙刚尿的！

自制洗洁剂

当时最有名也是用得最多的回收材料就是尿和灰。当然了，我们早就习惯推着购物车在超市里漫步。在我们眼里，商品就应该精致、整齐地被摆放在一排排货架上，所以我们很难想象这两样脏兮兮的垃圾怎么就变成了自制的洗洁剂呢？

以前根本就没有这些现代的清洁剂，所以人们就用尿和灰来清洗衣物。当时染坊就用尿来洗染布，家里的妇女也会用木屑来洗衣服，甚至清洗吃饭用的盘子……好好想想吧！

“收破烂！卖旧物！”

在前工业时期，人们之所以会回收、利用废弃物，并不是像今天一样是为了保护环境、维持生态平衡，而是由于当时生活水平较低、生产能力有限，人们不得不养成这个习惯。

这迫使所有人就像资本家一样，恨不得榨干这些原材料和家常物件的最后一点儿使用价值。但当时只有一种人可以“与众不同”，那就是富人。

不过，请注意，这里的“不同”不是指他们可以随意地挥霍资源，而是他们可以把多出来的东西（尤其是食物和衣物）低价卖给穷人。不管是在古罗马时期、中世纪，还是近代，每当贵族的城堡或者宫殿大门打开的时候，总有一筐筐满载旧物的小篮子趾高气扬地奔向旧货市场。对于富人来说，这些也许只是清理出来、不再需要的杂物，但是穷人只买得起富人用剩下的东西。

由于当时许多工业生产所需的原材料价格昂贵，在欧洲各大城市中渐渐出现了专门收废品的人。他们每天推着一辆小车走街串巷，收卖废品。这些人的出现标志着第一个垃圾回收机制的诞生。

但是在意大利这项工作并不是那么受欢迎，相反在法国和英国却形成了许多收破烂、拾荒的小团体。这些人守护着城市的清洁卫生，并且让回收利用的观念融入到人们的生活中来。随着对城市卫生问题的重视，科学院等权威机构也开始对这种回收利用的行为进行大量的研究，而且颇有成效。

节能环保，绿色经济

随着工业时代的到来，技术不断创新，塑料等新型材料层出不穷，那些曾经在街头收废品的人渐渐地销声匿迹了。有机垃圾、破衣服、骨头和煤渣也慢慢地淡出了人们的视线，取而代之的是一系列新型垃圾。从此，垃圾的回收利用便不再是一件容易的事情。

慢慢地，“一次性的消费”观念深入人心，而垃圾的回收利用在很长一段时间里对人们来说是一个非常陌生的概念。20世纪末，由于环境污染和资源浪费这两个问题迫在眉睫，国家不得不制定一系列必要的环境保护政策，并且倡导人们转变消费理念，适度消费。这就是我们所说的绿色经济。

绿色经济是一种新型的经济模式。它倡导依靠现今的科学技术，尽量减少人类生产发展过程中对环境的不良影响。绿色经济还主张使用可再生能源（比如风能、生物能、太阳能、地热能、水能等），减少传统能源（指化石能源，比如石油）的使用。除此之外，限制过度包装，避免资源浪费，减少能源消耗都在绿色经济的范畴里。

无独有偶，如今绿色经济领域里的一大成就（恰恰源于当时那些走街串巷收卖垃圾的人），就是现代垃圾公司的设立。这些企业专门负责大规模的垃圾分类、回收与再利用工作。

过去的优良传统配上现今的先进技术——我们终于找到了摆脱垃圾的万全之策……就好像我们的祖先最终逃离了粪便的魔爪一样！
咔！
哎哟，话说早了！
滚！滚！
各位，我们接下来要去探索垃圾分类和垃圾回收的过程……但在那之前，我要先考考你们！

小测验

1 垃圾问题开始于什么时候？

a. 今天早上，是从家里垃圾桶里冒出的一股刺鼻的味道开始的

b. 20世纪，并且同时出现了“一次性消费”的生活习惯

c. 在至少3000年前的新石器时代，那时诞生了第一批大城市

2 以下哪一个是历史上第一个城市清洁服务？

a. 巴黎城市清洁服务：18世纪，法国太阳王路易十四派出了一辆辆敞篷马车来回收垃圾，但是这些马车只在贵族生活区转悠

b. 雅典城市清洁服务：雅典的这套清洁体系可以上溯到公元前5世纪，亚里士多德也曾在著作《雅典政制》中多次提到

c. 城市清洁服务？没听说过啊，我平时都把垃圾倒进家旁边的水沟里

3 以下哪位著名的历史人物积极治理垃圾问题，并且颁布了两条法律，其中一条法律更是以他的名字命名？

a. 尤利乌斯·恺撒，他于公元前45年颁布了《尤利乌斯法》，设立道路清洁管理处

b. 拿破仑·波拿巴，他曾经在圣赫勒拿岛上管控垃圾

c. 哈利·波特，他用那根神奇的魔法棒让所有垃圾都消失得无影无踪

4 哪一次可怕的疫病杀死了欧洲超过1/3的人口？

a. 霍乱，19世纪末，它从伦敦蔓延到整个欧洲

b. 追星狂潮，一场演唱会过后，原本整洁的场馆就变成了臭气熏天的垃圾场

c. 黑死病，中世纪1348—1352年间，这种疾病大肆传播

5 中世纪时期，哪种动物担任起了小小清洁工的职务？

a. 猪——当时，一头头猪被放养在大街小巷里，这些贪吃鬼会把找到的垃圾统统吃掉（但同时也会排出好多粪便）

b. 龙——它们喷一口火就能烧光所有垃圾。值得一提的是，仅仅用了一个晚上，它们就把整个佛罗伦萨市中心化成了灰烬

c. 猫——它们能捕食许多传染疾病的老鼠

6 欧洲是什么时候解决有机垃圾的问题的？

a. 古罗马时期：马克西姆下水道竣工完成，诞生了最早的公共厕所，也就是现在的小便池

b. 还没有解决呢

c. 19世纪下半叶：在伦敦完成了第一个现代下水道网的建设

7 以下说法正确的是？

a. 1858年被称为“伦敦大恶臭年”，因为当时的泰晤士河就好像一个露天的下水道，散发着阵阵臭气

b. 2013年被称为“校园大恶臭年”，因为学校里的厕所统统都堵住了，整个校园臭气熏天，学生不得不放假回家

c. 1492年被称为“告别大恶臭年”，多亏了克里斯托弗·哥伦布，他在3艘大船上装满了欧洲所有的粪便，然后通过水路一路向东运到了印度，人们才得以解脱

8 谁发明了垃圾箱？

a. 亚里士多德——他在雅典发明了一种专门用来盛垃圾的小盆，然后他把这种小盆发给所有身强力壮的雅典人

b. 法国塞纳省总督尤金——1854年，他规定巴黎所有人都要把垃圾倒进那个带盖子的“小盒子”里

c. 恶魔，但是恶魔忘记发明垃圾桶的盖子了，它们总是这么粗心大意

9 哪场革命给我们带来了没完没了的新型垃圾？

a. 法国大革命：最先进的垃圾填埋场都堆不下断头台上砍下的一颗颗人头

b. “包装革命”：每个产品都被裹在厚厚的包装里，与其说是在买东西，不如说是在买成堆的垃圾

c. 工业革命：不到300年的时间，工业革命不仅使消耗品的生产量大幅增加，还使浪费现象日益严重。顷刻间，我们早已被淹没在成堆的城市垃圾和工业垃圾中

10 最早的垃圾卫生填埋场出现在什么时候?

a. 不是只有无人看管的垃圾场吗

b. 诞生在韦斯帕夏诺时期的罗马。当时韦斯帕夏诺大帝一句话就把城里所有的有机垃圾都倒到城墙外面去了。郊外那满地的"垃圾坑"就是最好的证据

c. 早在1920年的贝德福德，人们就第一次尝试以卫生填埋的方法处理垃圾。后来，1930年在美国出现了历史上第一个垃圾卫生填埋场，之后仅仅用了几年的时间，这种垃圾场就遍布意大利

11 谁最早有条不紊地回收、分类垃圾?

a. 推着小车收废品的人。19世纪，他们在伦敦走街串巷地收垃圾

b. 伦敦的清洁工。一直到20世纪，他们还乐此不疲地从烟囱里打扫出一撮撮烟灰，然后用这些烟灰来洗衣服

c. 巴西的"垃圾商人"。他们生活在雅迪姆·格拉玛丘垃圾场里，每天只能靠回收贩卖废品赚取极其微薄的收入

12 第一个公共焚化炉是在什么时候投入使用的?

a. 1990年。当时在最先进、最环保的技术的支持下，一个高耸入云的热力焚化炉在意大利布雷西亚拔地而起。这个焚化炉还被纽约哥伦比亚大学评为"世界上最好的焚化炉"

b. 1870年。在伦敦郊外的帕丁顿地区，一个名为"损坏者"的焚化炉开始大规模地销毁垃圾

c. 1666年的一个深夜。当时英国国王查理二世的壁炉起火了，熊熊燃烧的大火吞噬了半个伦敦城

13 哪种新型材料导致当代垃圾问题雪上加霜?

a. 烟草。直到十几年前，人们还在大肆购买烟草——人们嘴里吐出的烟雾加重了雾霾，手上弹掉的烟灰装满了街边的烟灰缸，随风飘散在大街上

b. 塑料。这是一种不可降解的材料，来源于石油。在1950年和1960年的经济大繁荣之后，塑料被广泛地应用在各个领域

c. 卫生纸。这在19世纪之前根本不存在（我们只能在中国皇宫里看见零星的几卷），在1950年的经济大繁荣之前，卫生纸在人们眼里可是一件奢侈品。但是后来卫生纸却成为堵塞全世界下水道的元凶

14 **欧洲是如何让成吨的有害垃圾（包括核废料）消失在人们的视线中的？**

a. 欧洲养殖了成群的河狸鼠和小鱼，这些杂食动物非常能干，它们能消化一切垃圾，就连河里和垃圾场里的有害工业垃圾也不例外

b. “宇宙清洁队”派来了许多艘航天飞船，这些庞然大物把整个地球变成了无数个垃圾场，那些垃圾自然有处可归了

c. 欧洲通过一艘艘船舰把垃圾运到发展中国家去，或者索性让垃圾和这些船只一起“葬身”汪洋大海

15 **欧盟哪个成员国最切实地贯彻了“4R”政策呢？**

a. 意大利，有些地区的废物回收利用率达到60%

b. 奥地利，回收利用了超过70%的垃圾，剩下的垃圾都通过最先进、最环保的热力焚化炉处理

c. 保加利亚，还“顽固不化”地利用露天垃圾场来处理垃圾

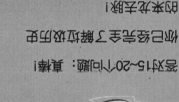

答案

1 c, 2 b, 3 a, 4 c, 5 a, 6 c, 7 a, 8 b, 9 c, 10 c, 11 b, 12 b, 13 b, 14 c, 15 b.

数数你一共答对了几道题，看看自己是不是合格的垃圾专家！

答对15~20个问题：真棒！你已经完全了解垃圾历史的来龙去脉！

答对5~10个问题：看来你的小鼻子也能嗅出古往今来的臭味啦！但你还有很多要学哦！

答对的问题少于5个：你完全不知道垃圾的历史哦！要是你还不好好学习的话，以后就会变成无情的环境杀手！

正如我们之前看见的那样，人类在历史上从来都没有逃出垃圾的魔爪。如果把我们从古至今所有的垃圾都扔到一个垃圾坑里的话，那就会变成下图这样的倒金字塔形。

在金字塔尖尖的底部，只有古代和前工业时期很少的有机垃圾。但是渐渐地，大量的垃圾像潮水一样涌进来，把这个金字塔撑得越来越宽，同时这些垃圾变得愈发危险，愈发难以降解！

垃圾来自何方？

垃圾不是从天而降的雨点，也不是外星飞船空投给地球的“礼物“，更不是淘气的小精灵和我们开的玩笑，故意把垃圾藏在我们家里……

超市
地球上的垃圾之所以会堆积成山，是因为我们日日夜夜都在不停地消费、购物！

除此之外，我们在超市购买的易碎品就好像一个个襁褓里的婴儿，外面都裹着厚厚的包装。

我们对这些包装一点儿都不陌生：因为每当我们想拆开一个礼物的时候，都要先剥去一层又一层厚厚的包装纸……嗯，就像剥洋葱一样！
此面向上
此面向上
大份

那么接下来就让我们一起来认识它们吧！你们看，塑料瓶、洗涤剂瓶、购物袋、盛酸奶的玻璃瓶、鞋盒、DVD盒，还有那个装香蕉的聚苯乙烯塑料盒等都是生活中常见的外包装。

对了，卢比！你的狗粮罐头盒也是哦！
34

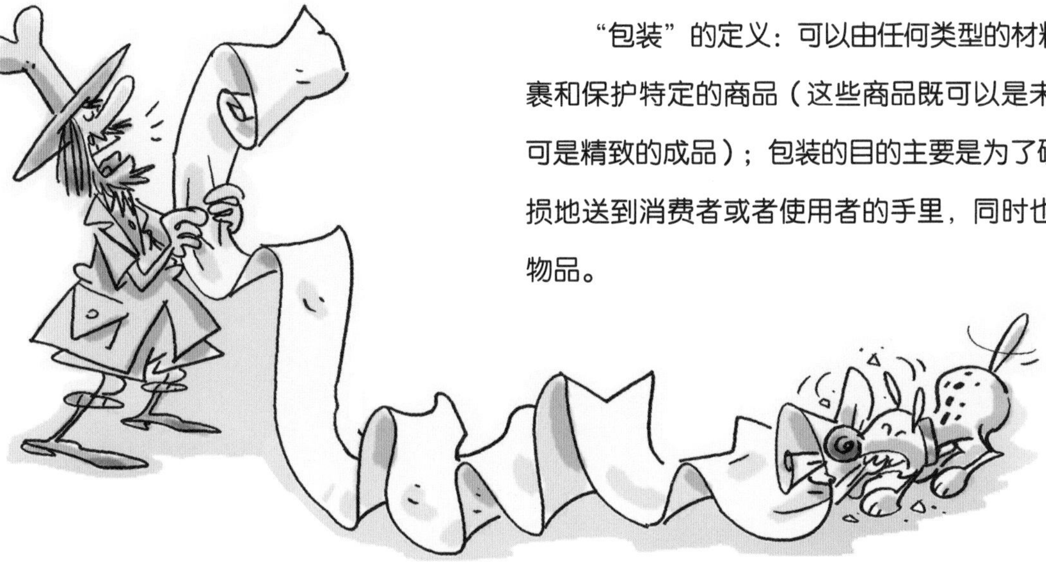

那么，包装到底是什么呢?

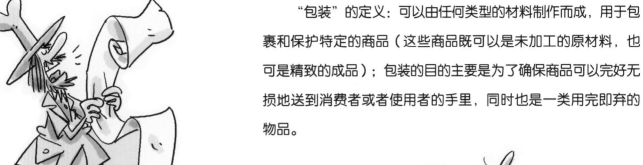

“包装”的定义：可以由任何类型的材料制作而成，用于包裹和保护特定的商品（这些商品既可以是未加工的原材料，也可是精致的成品）；包装的目的主要是为了确保商品可以完好无损地送到消费者或者使用者的手里，同时也是一类用完即弃的物品。

包装可以分成3个层级：初级包装、次级包装和装运包装。初级包装指的是单个零售商品的包装，比如一个矿泉水瓶、一听橙汁的易拉罐或者一个DVD盒等；次级包装是一种保护多个商品的中型包装物，比如一箱矿泉水、半打易拉罐、一套光碟的外包装。装运包装顾名思义，是为了方便运输而设计的一种包装，比如宽宽的木头栈板或者巨大的商品集装箱等。

如果我们做一个小实验：在一个秤上堆满厚厚的外包装，另一个秤上放上“赤裸裸”的商品，那么一眼就能看出来我们在那些没用的垃圾上浪费了多少钱！

其实，购买没有华丽包装的散装产品或者挑选可以重复利用的商品可以省下好大一笔钱，而且还有利于保护生态环境，因为那些用完就扔掉的一次性产品会给垃圾处理工作带来很大的困难。

可降解材料，是指可以被土壤里的微生物分解、吸收，然后重新融入自然循环中的环保材料。

与自然界新陈代谢出来的“垃圾”（比如粪便、枯叶、骸骨等）不同，人类社会的废弃物需要很长时间才能完全降解，而且这些垃圾往往会严重破坏生态环境。下面是一些垃圾的降解时间。

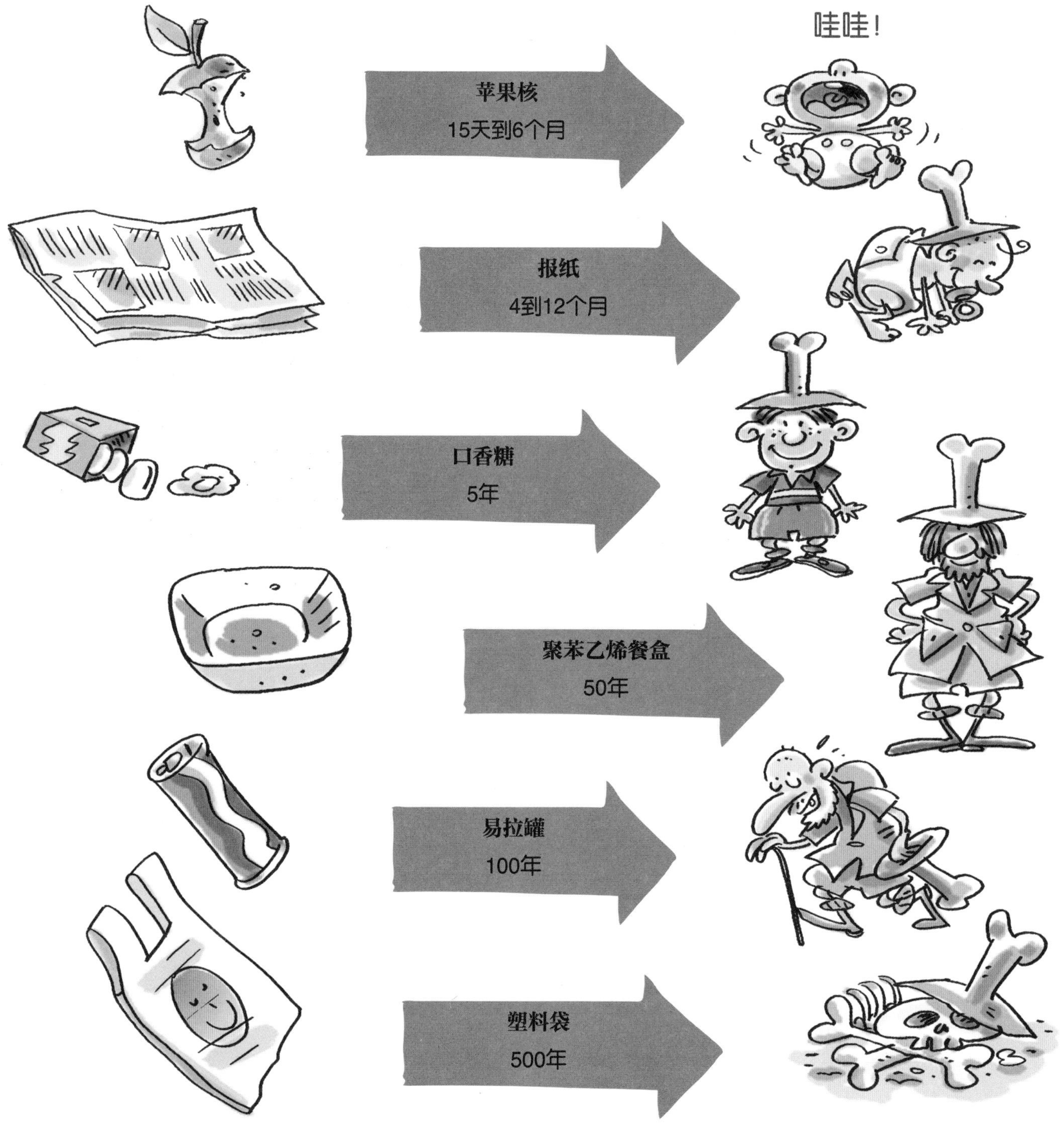

一般来说，我们眼中的垃圾就是毫无用处的东西，但纵使一无是处，我们也要认真地给垃圾分类。首先，根据来源，垃圾可以分为城市废弃物和特殊废弃物；其次，根据可降解性和有害性，垃圾又可以分为危险废物和非危险废物。

城市固体废弃物（RSU）

没有危险性的生活垃圾

特殊废弃物（RSUA）

来自于农业或者工业生产活动的垃圾。它们和普遍的城市垃圾一样，都不是危险废弃物

城市危险废弃物（RUP）

这种垃圾会释放出有害或者有毒物质

特殊危险废弃物（RSP）

通常是一些工业废料，无论是对环境还是对人体健康都危害极大

然而，并不是所有人都能意识到垃圾造成的生态问题。

要改掉生活中的坏习惯，解决垃圾问题，我们还有很长的路要走……这条道路很坎坷，很艰辛！

垃圾将去何处？

大到欧洲小到意大利，混合收集仍然是最普遍的垃圾收集方式。所以，是随波逐流，跟大伙儿一块儿把各种垃圾一股脑儿地扔进垃圾桶里，还是分门别类地处理垃圾，保护生态环境，完全取决于个人的意识。

正如之前提到的，欧洲各个政府机构早就强调过垃圾处理的必要性，并依靠科学技术的帮助，把垃圾对环境的负面影响减到最小。

1997年颁布的《隆其法令》早就已经把“4R”原则（减量、复用、再生、能源回收利用）带进意大利千家万户的生活中。然而，数年之后，仍然还有很多地区并不重视垃圾的分类收集，在这些地区的街道上，盘踞着一个个真正的远古“恶魔”——混合垃圾桶！

嗨，伙伴们，跟我们一起去转一圈儿吧！
呼！
呼！
哟呵！

环卫工人

环卫工人对于垃圾清洁工作至关重要，但是他们的工作却非常辛苦。清晨5点，当我们还在睡梦中时，他们就早早地出门上岗了。环卫工人每天要工作6~8个小时，就连机器也无法替代他们的工作。无论是炎炎夏日，还是数九冷冬；无论是瓢泼大雨，还是云雾蒙蒙，他们每天都坚持清扫垃圾。

为了保证工作的安全性，环卫工往往要戴上厚厚的手套，穿上重重的靴子，而且还要身穿非常显眼的保护衣。欧洲的环卫工人要走街串巷，上下垃圾车，拎起一家又一家的垃圾桶——这可都是体力活儿啊！

垃圾车

一般的垃圾车都带有压缩垃圾的功能，而且为了更好地压缩、装载垃圾，需要两个环卫工人一起操作。有时候，要想挤进市中心狭窄的街道，还需要一种名为“小船”的轻便垃圾车，这种垃圾车只需要一个环卫工人操作即可。但在一些特殊情况下，我们还能见到一种很笨重的大型垃圾车。这个庞然大物上有着高高的吊车，只有多个环卫工人齐心协力才能使用它。

垃圾箱

在城市的大街小巷里，摆放着一个个颜色各异的垃圾桶，有的上面标注着特定的类别，有的则可以收集各种不同的垃圾。城市的垃圾收集工作主要靠的就是这些垃圾桶。

一般来说，灰色或者深蓝色的垃圾桶是混合垃圾桶，黄色和白色的垃圾桶用来收集纸类的垃圾，浅蓝色的用来收集塑料垃圾，还有一些上宽下窄的绿色垃圾桶用来收集玻璃和金属垃圾。

“生态岛”——又名生态中心

你们瞧——那围着高高的围栏，有专人看守的地方就是意大利城市中的生态中心！那里还是各种成堆的生活垃圾的“安身之所”。比如，搬家之后，剩下的包装盒或者旧家具、旧家电等最好的去处就是生态中心！但是一般来说，这些“生态岛”每周就只开放几天，而且每个社区的居民只能使用本社区的生态中心。

“上门服务”

在意大利的许多城市里，环卫工人会开着垃圾车挨家挨户地收集分好类的垃圾。但这也意味着，每个居民都要肩负起正确分类垃圾的责任（一般来说要分成纸、塑料、玻璃和金属以及有机垃圾四大类）。之后，环卫工人们会在特定的时间挨家挨户地收走这些分好类的垃圾，同时他们也会检查人们是否按规定将垃圾正确地分类。

垃圾分类设备

垃圾分类回收的一个很大的问题，就是在同一类的垃圾中总是混杂着一些“异类”（比如废玻璃里的陶瓷片、废纸堆里的尼龙绳）。

这些混合垃圾一到了分类设备里，就要开始“分帮结派”了。一条长长的传送带会带着它们不断前行。在这期间，那些异类会被淘汰出去，剩下的垃圾在经过清理之后，还要根据材料的不同重新分类。

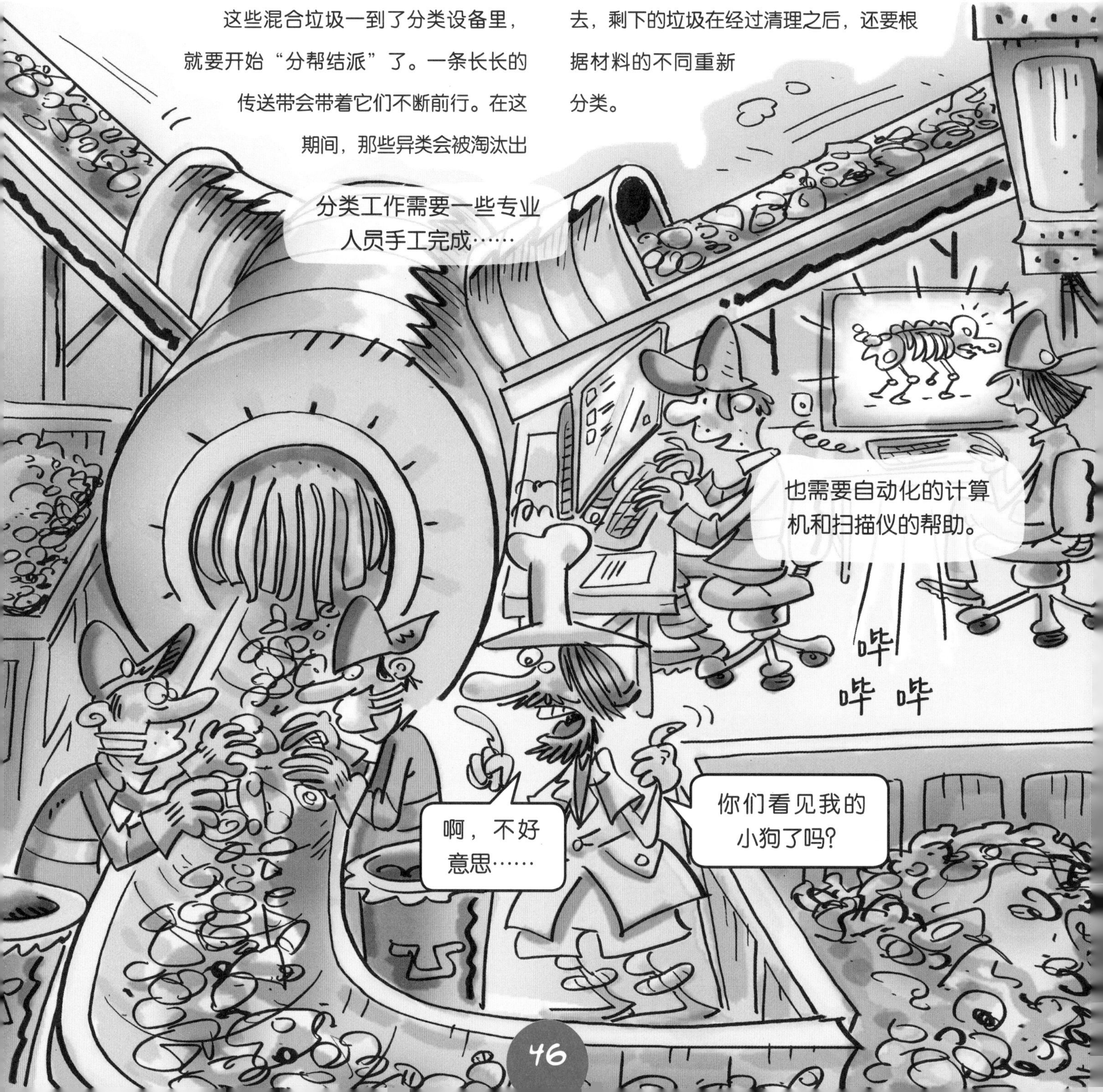

分类工作需要一些专业人员手工完成……
也需要自动化的计算机和扫描仪的帮助。
哔
哔哔
啊，不好意思……
你们看见我的小狗了吗？

然而，并不是所有的垃圾都能被回收再利用，能够获得第二次生命的垃圾主要有以下几种：塑料、纸张、玻璃、铝、钢铁、木料、厨余垃圾和庭院垃圾。这些垃圾首先会被一种名为滤网的机器进行分类，然后被压缩成一个个二次原料球，送进回收设备中。最后，它们将以崭新的面貌“重生”，重新造福我们的社会。

如此一来，垃圾又重新变成了宝贵的资源。然而，有些可回收垃圾的尺寸实在是太小了，没办法被重复利用，所以它们只能跟那些不可回收的垃圾一起被送到卫生填埋场或者热力焚化炉里处理了……

热力焚化炉

虽然有些垃圾无法再生出新材料，但是它们还有另外一条出路，那就是转化成生活能源。因此，一座座高耸入云的热力焚化炉便在欧洲这片土地上拔地而起。

热力焚化炉就是垃圾焚烧设备。在这些设备里，垃圾经过合理地燃烧，将会产生巨大的热量。随后，这些热量将被用来发电，转化为电力资源并且输送到千家万户。

2 在焚烧室里，各种垃圾会在一个动来动去的炉子上化成一团火焰。炉子的移动能够扇动周围的空气，确保垃圾充分地燃烧。值得一提的是，在焚烧之前，垃圾的分类工作非常重要，因为诸如有机垃圾或者金属这类“不速之客”会让垃圾的燃烧率大打折扣。

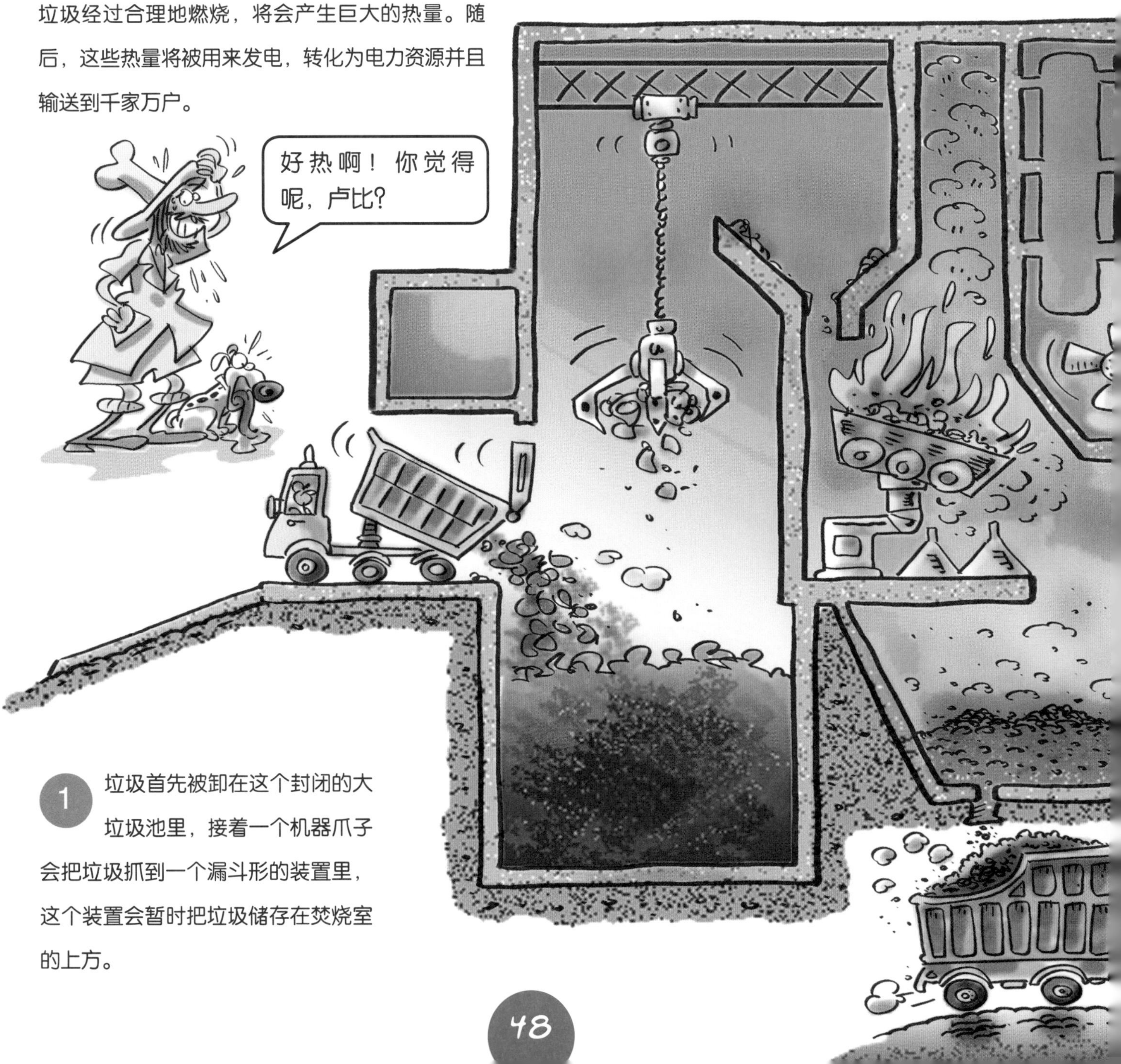

1 垃圾首先被卸在这个封闭的大垃圾池里，接着一个机器爪子会把垃圾抓到一个漏斗形的装置里，这个装置会暂时把垃圾储存在焚烧室的上方。

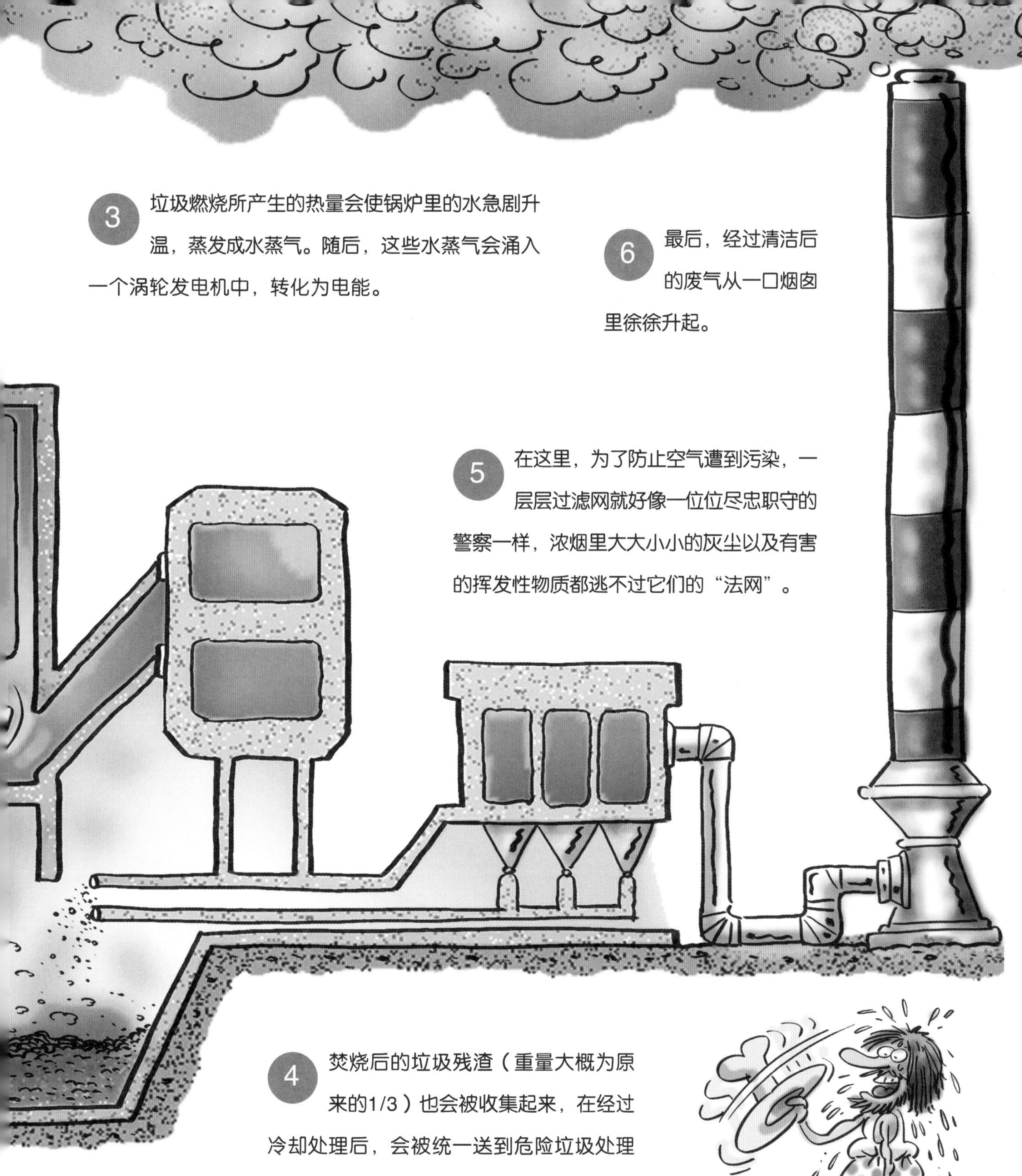

③ 垃圾燃烧所产生的热量会使锅炉里的水急剧升温，蒸发成水蒸气。随后，这些水蒸气会涌入一个涡轮发电机中，转化为电能。

⑥ 最后，经过清洁后的废气从一口烟囱里徐徐升起。

⑤ 在这里，为了防止空气遭到污染，一层层过滤网就好像一位位尽忠职守的警察一样，浓烟里大大小小的灰尘以及有害的挥发性物质都逃不过它们的“法网”。

④ 焚烧后的垃圾残渣（重量大概为原来的1/3）也会被收集起来，在经过冷却处理后，会被统一送到危险垃圾处理中心。

卫生填埋场

除了热力焚化炉之外，不可回收垃圾的另一个去处就是填埋场。早在3000年前，人们就开始使用填埋的方法处理垃圾，但是直到20世纪末期，那些技术先进的国家仍然把填埋当成处理垃圾的首选方式，却殊不知这会严重污染我们的生态环境！

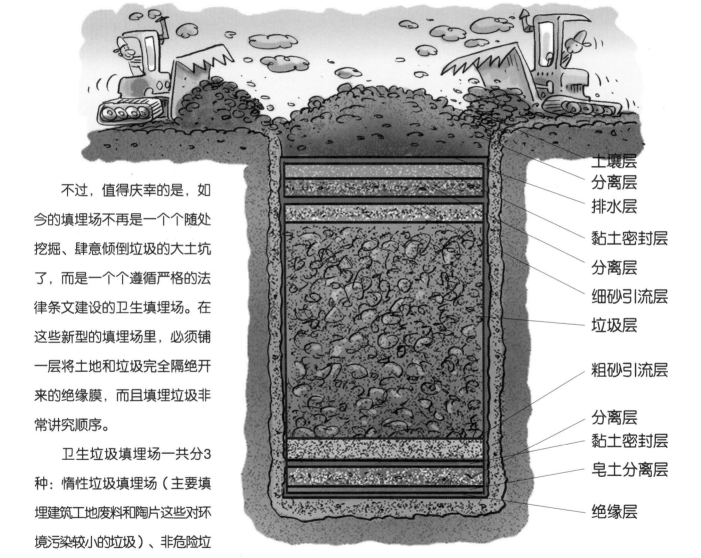

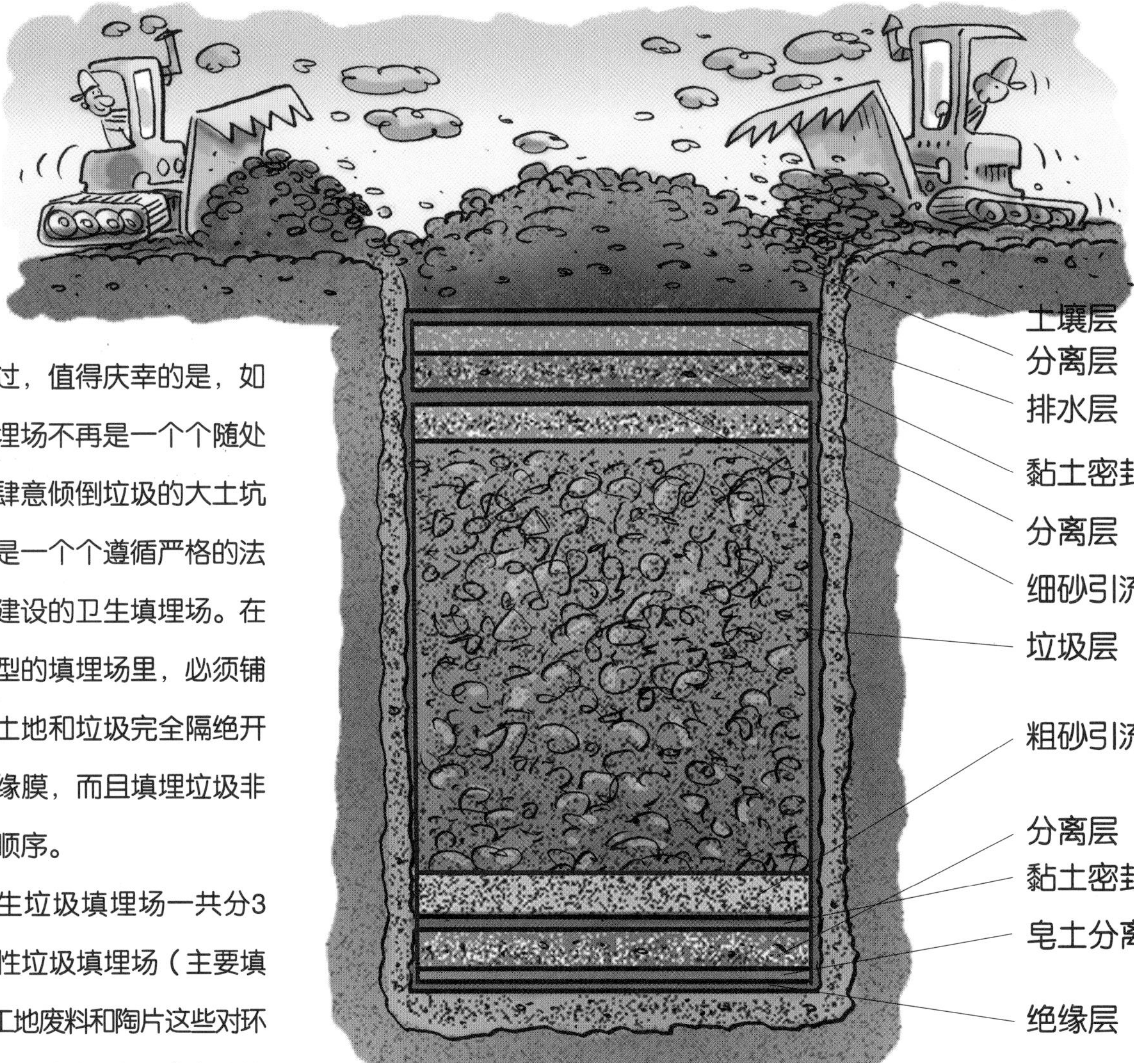

不过，值得庆幸的是，如今的填埋场不再是一个个随处挖掘、肆意倾倒垃圾的大土坑了，而是一个个遵循严格的法律条文建设的卫生填埋场。在这些新型的填埋场里，必须铺一层将土地和垃圾完全隔绝开来的绝缘膜，而且填埋垃圾非常讲究顺序。

卫生垃圾填埋场一共分3种：惰性垃圾填埋场（主要填埋建筑工地废料和陶片这些对环境污染较小的垃圾）、非危险垃圾填埋场（填埋城市固体垃圾）和危险垃圾填埋场（焚化炉里的残渣就填埋在这里）。

每个卫生填埋场的寿命都是有限的，都只能够容纳特定数量的垃圾。在夯实最后一撮黄土之后，卫生填埋场的使命也就到此结束了。之后，上面的这片土地一般会种满各种各样的植被，但是为了防止特殊情况发生，我们还要对这片土地至少监控30年！

左图的这个装置用来抽出填埋场里生成的生物气体，这个过程也称为引气。这些生物气体首先会被吸到网状的小管道里，然后通过填埋场中心的竖井被抽取到地面上来。

一吨城市垃圾能足足释放出250立方米的生物气体！
听！
听！

在这些卫生填埋场里，垃圾会自然地腐烂、分解，同时释放出二氧化碳和甲烷这两种生物气体。多亏了当今先进的科学技术，这些生物气体才能再次以电能或者热能的形式出现在我们的生活中，告别直接飘散在空气中的命运。

除此之外，垃圾在分解过程中还会形成垃圾渗沥液。不过，它也会被通过引流井从地下抽取出来，并且封存在大罐子里，之后再统一送到危险垃圾填埋场进行处理。

生态之旅

如今，地球面临着两种截然不同的命运，而我们手中恰恰掌握着这两种命运的选择权：我们可以不计后果地把地球上的原始资源统统糟蹋成毫无用处的垃圾和污染物，也可以选择在用完这些宝贵的资源之后，把它们再生成二次生态能源。其实，我们的一举一动都影响着一个物件从“出生”到“死亡”的整个过程，也就是从生产到变成垃圾的过程。

注意！右图中的棕色箭头会将我们的生态之旅带入歧途：在这条路上，各种原始资源堕落成有害的垃圾，反过来破坏地球的生态环境。相反，绿色箭头指示的“4R”路线才是这趟旅程的正确路线：我们将了解一个来自于大自然的原材料，在经过加工、使用、正确处理等一系列过程之后，是如何以再生资源或者能源这种崭新的面貌回归自然的。

1 人们从地球上开采用于生产的原材料，但仅仅就在这第一步的生产过程中，我们已经开始把它们变成垃圾了。

7 部分销毁的垃圾转化成能量，再次造福我们的生活！

你们还记得康芒纳提出的生态学法则吗？“世界万物息息相关……”

6 垃圾再生的二次原料又重新被应用在生产活动中，再次投入市场。

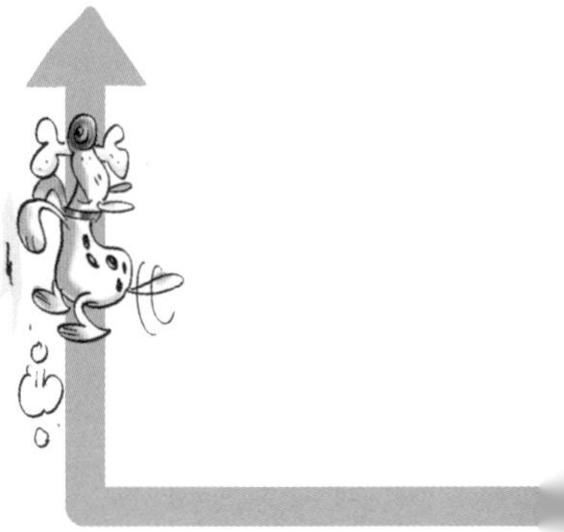

2 投放到市场上的产品在人们毫无节制的购买下一抢而空。

3 用过的东西逃离不了变成垃圾的宿命：一部分有机垃圾顺着下水道排到世界上的各个角落，而其余的各种垃圾被统一收集起来，另作处理……

5 另一部分垃圾或深埋地下或化成灰烬，摇身变成污染环境、破坏地球生态平衡的有害物质。

4 一部分垃圾被分门别类地送进不同的再生处理设备，形成“4R”良性循环——减量、复用、再生和能源回收利用。

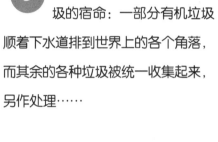

减量

这才是治理垃圾的上策：如果我们可以控制自身的疯狂消费行为，减少商品的生产量，那么我们也就无须开采、利用成吨的原材料，自然就更不需要处理堆积如山的垃圾了。

“减量”意味着什么？

- 环保科技的使用：环保生产技术需要的原料和能源更少，排放的废弃物也更少。
- 环保产品的生产：这些产品的使用期长，容易回收、再利用，并且处理起来不会污染环境。
- 杜绝过度包装。

接下来，让我们看一些“减量”小窍门。

去超市购物的时候，只买我们需要的东西，不要只盯着包装，盲目挑选商品。

尽量批发桶装商品（洗涤剂、宠物食品、牛奶等）。据统计，如果我们购买桶装商品的话，每人每年能减少4.5千克塑料和6.9千克纸盒包装的使用量（这加起来，相当于11.4千克的垃圾啊！）。“家庭装”的商品比单独包装的商品更值得我们青睐……而且，如今，这种桶装的批发点随处可见，也更实惠呀！

我们还可以上网读新闻，这样人均每年就可以节省70千克的纸资源。

自来水既安全，又经济实惠、味道好！如果长期饮用自来水，人均每年可以减少使用12千克的塑料瓶子。

我们要尽可能延长每样东西的使用寿命，小到超市里拿回来的购物袋，大到手机、电脑等。杜绝浪费才是保护环境的根本方法！

我们要重新发扬祖辈留下来的优良传统——修修补补为先，再添新物为次。与其不断地购买，不如自己动手修理一下原来的东西。这不仅有利于保护生态环境，而且修好一样东西能带给我们巨大的成就感！当一个物件无法再修复，即将被丢弃时，我们要记住它也许是由许多不同的部件、不同的材料组成的，这些部件和材料一样可以被我们重复利用。

举例来说，电子废物（意大利语缩写为RAEE）通常会被送到一个特殊的处理中心拆分成很多部分。其中一些污染性的零件会被统一当作危险垃圾单独处理，而剩下的那些零件仍然能够再生出大量可以二次利用的材料，比如金属、塑料等。

复用

若不想早早地丢掉一个物件，那就把它拿回来，重复利用，或者开动脑筋，看看它还有没有新用途。

比如，我们可以买一个水壶，每次出门时带上这个装满开水或者茶水的水壶，回到家之后，再清洗，重复使用。这样，我们就不用购买一次性的瓶装水了。

我们也不必费心思去挑选笔筒或者小收纳盒，手边不就有五颜六色的塑料包装盒吗？

我们还可以把穿剩下的旧衣服剪成一块块小抹布，擦完桌子，清洗干净能用很长一段时间呢！

能源回收利用

对垃圾进行分类回收的目的之一是方便将某些垃圾转化为能源，从而投入到新的生产过程中。

能源回收利用，是指通过一系列措施把垃圾重新转化成宝贵的能源，为我们所用。比如，在经过严格的垃圾分类之后，常常会有一类无法再利用的干垃圾，但是这些干垃圾却能在焚烧之后转化为宝贵的能源，重新应用在我们的生活里。

垃圾的回收利用不仅能创造能源，还能节约能源。比如说，同样是生产两本笔记本，一本用再生纸，另一本用原浆纸，后者所需的能源足足有前者的25倍！另外，除了节约能源和资源，还能省下一笔开销，因为生产再生纸不需要很多人力，所以成本自然就降低了！

再生

垃圾的再生指的是把垃圾重新变成可用的新材料。

注意，这并不是一场神奇的魔术表演！其实，好多种垃圾都可以再生，比如塑料、玻璃和铝制垃圾，各种废纸或者纸盒，厨余垃圾和庭院垃圾，未经处理的木头，未加工、半加工的原材料以及工业生产中废弃的边角料。

求求你了！我还想再活一次！
再见！

通过垃圾再生，我们很巧妙地解决了垃圾处理的问题。一方面减少了能源消耗，降低了工业生产成本；更重要的是，还找到了节约自然资源，减少环境污染的不二法门。有的垃圾再生之后，用途还和从前一样，有的却完全是旧貌换新颜！

让我们一起去近距离地看看两种我们平时用得最多的材料——纸和塑料的再生过程吧！

纸的再生

现代造纸技术从18世纪开始大范围地应用于造纸业中，但是这种新型造纸技术却需要使用一种维持地球生态平衡的原材料——树木！

从砍伐成片的树林，到装车运送到工厂，再到造纸——整个过程都会对环境造成极大的污染。除此之外，我们后续还要解决废纸的处理问题。直到几年前，废纸还和其他垃圾一起被扔在大垃圾箱里，之后不是被埋在垃圾场里，就是被送进焚烧炉中。

不过，值得庆幸的是，近几年来纸资源已经成为世界上回收利用率最高的资源了！废纸里95%的纤维成分都可以再生成新的原材料，而这些原材料又能马上应用到新的生产活动中去。下面让我们一起来看看这神奇的过程吧！

1 废纸的收集与存储。首先筛选出可再生的废纸，然后压缩成捆，统一送回造纸厂。

2 接着就要开始真正的再生过程了。第一步是制浆。左图的这个机器一边注水，一边把所有废纸搅得“粉身碎骨”，制成一种黏稠的糊状物——废纸浆。

3 用过滤网筛出纸浆里面的大块杂质，然后用净浆机剔除小颗粒杂质，只留下废纸浆中的纤维成分。

4 在纯净的纸浆流进圆柱形的容器后，加入一种溶解剂，它可以褪去纸浆里面的油墨成分。

5 再使用脱水机甩掉纸浆中的大部分水。

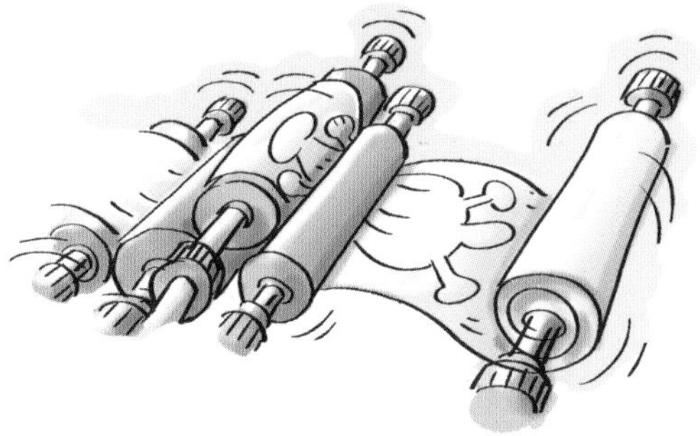

6 最后，这些纸糊会被静置在一个巨大的容器里，在它完全干燥之后，会被压缩成一张张薄薄的纸片，然后绕在卷轴上卷成纸卷！

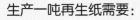

生产一吨原生纸需要：

15棵树

44万升水

7600度电

生产一吨再生纸需要：

不需要树木！

1800升水

2700度电

废纸的再生利用不仅节约了自然资源和能源，还减少了环境污染！

塑料的回收利用

塑料主要来源于石油，但是想要从石油中提取塑料，需要一系列非常复杂的加工过程。分离出塑料之后，石油会被倒进一口口大锅炉里，加热至沸腾。这样做的目的是利用不同沸点的原理分离出石油中的不同物质。

塑料的制作是一个非常复杂的过程。首先，石油经过一系列复杂的化学加工过程，能提取出一种白色的糊状物。然后，可以向其中添加色素或者一些其他物质，把塑料做成我们想要的样子。最后，各个加工厂会把这些原始塑料磨成细细的塑料粉末，用于各种商品生产中。

其实，许多种塑料回收利用起来并不困难，但是有些塑料处理起来却非常复杂。因此，我们现在将塑料主要分成3种：聚酯（PET）、聚氯乙烯（PVC）和聚乙烯（PE）。

聚酯（PET）

主要用于生产丝织品和饮料瓶

聚氯乙烯（PVC）

透明性强，耐酸性和碱性腐蚀，用于生产非食品的容器、光碟、信用卡和扫帚等

聚乙烯（PE）

世界上用途最广的一种材料。我们生活中的购物袋、洗涤剂瓶，还有垃圾袋都来自于聚乙烯

先进的X光技术就好像火眼金睛一般，能够辨别出各种各样的垃圾，还能准确地将它们分类。正是在这个技术的帮助下，我们才能发明出一个又一个不同的垃圾回收利用设备。

在回收塑料垃圾时，要先把它们粉碎成塑料屑；洗净晾干之后，再将它们密封到一个个大袋子里。之后，各个工厂会低价购买这些“袋装”的塑料屑，用于生产新的商品。

毫不夸张地说，塑料能再生出大量的新物件。聚酯可以重新用来生产塑料容器、塑料垫或者轿车内部的塑料毯；在建筑领域中，诸如塑料管和电缆的制作都会用到聚氯乙烯；而聚乙烯的用途就更广了，它既可以再生成塑料容器，也可以“摇身一变”，变成我们手中的垃圾袋或者包装膜等。

照这样下去，垃圾场和焚化炉可要“倒闭了”哟！可恶的环境污染也要跟我们说再见了呢！

垃圾分类，颇有成效！

想要防止城市固体垃圾“堕落”成可怕的危险垃圾，我们唯一能做的就是提前把它们仔仔细细地分类，然后再分别收集处理。下面，就让我们一起来看看家中常见垃圾的分类方法吧！

塑料包装纸、塑料盒、塑料袋等

玻璃罐子

报纸、废纸、纸盒、硬纸壳等

铝罐、铝包装和锡纸

整理花园时清扫出来的枯枝落叶

残羹剩饭、果核果皮、湿茶叶、咖啡粉等

剩下的其他垃圾就是那些不可回收的干垃圾，比如卫生纸、破棉花和合成材料等。

当然了，我们的生活中肯定少不了有毒、有害的危险垃圾。这些垃圾一定要被单独处理，就连专门收集危险垃圾的垃圾箱都需要远离我们日常生活的场所。这些可怕的“家伙”有：

电池

过期药物

有“易燃易爆”或者“有毒危险”标记的喷雾罐

打印机和传真机里的墨盒

厨房里的废油、工业或者汽车上的机油

还有一些垃圾要送到特定的垃圾收集中心：

没电的汽车电瓶

轮胎

电子废弃物

旧衣服

大型垃圾：比如家具、床垫、沙发和遮阳伞等

利用分类回收的方法处理垃圾不仅能节省很大一笔资金，还有助于生态的可持续发展。我们常说的“尊重生态环境，尊重自然”就是不加重自然的负担，不把垃圾一股脑地儿丢给大自然处理。除此之外，垃圾分类回收这项工作还增加了就业岗位， 创造了社会财富。大家想想，经过分类之后，我们可以回收利用高达65%～85%的城市固体垃圾，这些垃圾现在看来可都是宝贵的经济资源啊！

如果我们将视线移到世界，就会发现，有些城市的垃圾分类的观念早已深入人心。

美国的洛杉矶就是一个很好的例子。这个城市一共有80万居民，城市里70%的垃圾都会被分类收集处理。他们还制定了一个长远的目标——在2020年前，

小卢比，是时候跟老旧的垃圾桶说再见了！

垃圾分类回收率要达到百分之百。

除了美国，意大利的很多地区也在垃圾处理工作上取得了不错的成绩。在最近一次“环保城镇”的评选中，意大利贝卢诺省庞特内阿比尔城镇就摘得了这个称号。这个小镇里居住着8500位居民，他们的垃圾回收利用率高达87.6%。

在大自然中，每当一个生命陨落的时候，大自然母亲都会张开怀抱，让它以另一种方式重新回到自然界无穷无尽的循环里。在这方面，自然是我们最好的老师。古时候的人们不就曾学着自然的样子，把粪便等有机垃圾回收利用成肥料，滋养土壤吗？

此外，要想更有效地实施“4R”环保政策，还要依靠垃圾分类回收这项必不可少的工作。因为针对不同类别的垃圾，我们可以采取截然不同的再生方法。这样不仅能够最大程度地变废为宝，还节约了能源和资源。

其实，除了要尽可能地延长物品的使用寿命，认认真真地分类回收垃圾，再生垃圾以外，我们更应该考虑的是要不要丢掉手中所谓的“垃圾”。让我们重新翻出家里的那些旧物件，用一个全新的角度再好好打量打量它，也许它能在我们的生活中重新发挥意想不到的作用呢！

小测验

1 **包装是什么？**

a. 一种用于保护和包裹商品的材料，防止商品在运送途中损坏

b. 一个可以把讨厌的老师卷起来，然后直接丢进不可回收的干垃圾桶里的神奇物件

c. 一个塑料球，在这个球里面密封着商品，使它免受路途的颠簸

2 **以下哪个才是包装呢？**

a. 购物用的尼龙袋

b. 纸盒

c. 书包

3 **什么是垃圾？**

a. 市长下令清除的任何东西

b. 所有我们打算扔掉的东西

c. 所有我们讨厌的东西（包括唠叨的姑姑婶婶）

4 **垃圾可以分为哪几大类呢？**

a. 特殊垃圾和特殊危险垃圾；城市固体垃圾和城市危险垃圾

b. 城市恶臭垃圾和城市特臭垃圾

c. 特殊有毒垃圾和城市有毒垃圾

5 **"4R"指的是什么？**

a. 减量，复用，再生，能源回收再利用

b. 破坏，修复，再破坏，再修复

c. 4个名字里带字母"R"的女孩

不会吧？您从来都没见过有人开潜水艇收垃圾吗？
?

6 **人们一般用哪种方式收垃圾呢？**

a. 潜水艇以及水下设备

b. 一种名为“小船”的轻便垃圾车、带有垃圾压缩装置的中型垃圾车和装有吊车的大型垃圾车

c. 露宿用的房车

7 **下列哪种垃圾收集方式早就过时了？**

a. 分类的垃圾桶

b. 混合垃圾箱

c. 环卫工人挨家挨户地收垃圾

8 **什么是垃圾分类设备？**

a. 一个根据垃圾的种类、性质进行分类的设施

b. 一个根据垃圾的味道进行分类的设施

c. 一个根据垃圾的颜色进行分类的设施

你等着吧，小家伙！看看我们能制造出多少肥料来！

9 **不可回收的干垃圾在从垃圾分类设备里筛选出来之后，将何去何从呢？**

a. 深埋在垃圾场里或者在焚化炉里化为灰烬

b. 再生成任何我们想要的东西

c. 要是它们不幸沾上水的话，就会变成湿垃圾

10 分好类的塑料、玻璃、纸、铝制品和厨余垃圾的归宿又是哪里呢？

a. 垃圾填埋场

b. 回收利用设备。在那里，它们将会再生成新的产品，重新在各大市场上流通

c. 月球。一艘巨大的宇宙飞船会把它们统统运到月球去

11 什么是卫生填埋场？

a. 为了填埋垃圾而随意在地上挖出来的大坑

b. 小家伙卢比在花园里刨的那个小坑，它的视线一刻都没离开过那里

c. 一个明确规定只能处理不可回收的干垃圾的垃圾场，这个垃圾场从建设到运作都需要遵循严格的法律条文

12 “减量”指的是什么？

a. 购买一个个独立包装的商品

b. 节食

c. 购买桶装商品（比如桶装洗涤剂、桶装牛奶等）

13 “重复利用”指的是什么？

a. 把一样东西丢进垃圾桶之前，重复多次利用它——比如我们可以用一个塑料瓶反复灌水喝

b. 反复用一条脏毛巾

c. 变废为宝（比如把一个废弃的空玻璃瓶打造成一个漂亮的花瓶）

14 “再生”是什么意思？

a. 可再生的垃圾能够重新蜕变成和之前用途相同的物件，或者变成另一个完全不同的东西

b. 一支可再生的钢笔能“摇身”变成一根神奇的魔术棒

c. 意思就是，利用垃圾生产一辆自行车也不在话下

15 哪些城市垃圾需要分类呢？

a. 塑料、玻璃、纸、厨余垃圾、打印机墨盒、电子废物、过期药物、大型垃圾、羊毛衣物、纯棉衣物和鞋

b. 塑料、玻璃、纸、厨余垃圾、庭院垃圾、金属制品、不可再生的干垃圾、电池、打印机墨盒、电子废物、过期药物、大型垃圾和旧衣物

c. 书籍、笔记本、手册、钢笔、铅笔、橡皮、书包、颜料、素描本和尺子

答案

1a, 2a, 3b, 4a, 5a, 6b, 7b, 8a, 9a, 10b, 11c, 12c, 13c, 14a, 15b.

数数你一共答对了几道题，看看你是不是已经对垃圾回收的工作了如指掌啦！

答对15~20个问题：太棒了！要是所有人都像你一样，我们就再也不用担心垃圾问题了！

答对5~10个问题：马马虎虎吧！你还要好好学习这方面的知识，但至少你已经走在“垃圾回收”这条正确的道路上了！

答对少于5个问题：你就是那个污染地球环境的大坏蛋！我们真是太“谢谢”你了！

卡通存钱罐

所需材料

- 纸盒（比如牛奶纸盒）
- 瓶盖
- 磨砂纸
- 热熔胶
- 丙烯颜料、刷子、毛线、卡纸等

1 取一个空牛奶盒，清洗干净之后晾干。

2 撕开牛奶盒两边三角形的部分，摆成两个耳朵的形状（或者先用卡纸剪出两个耳朵，然后再用热熔胶粘上去）。

3 以下3个步骤我们需要在家长的监护下完成：

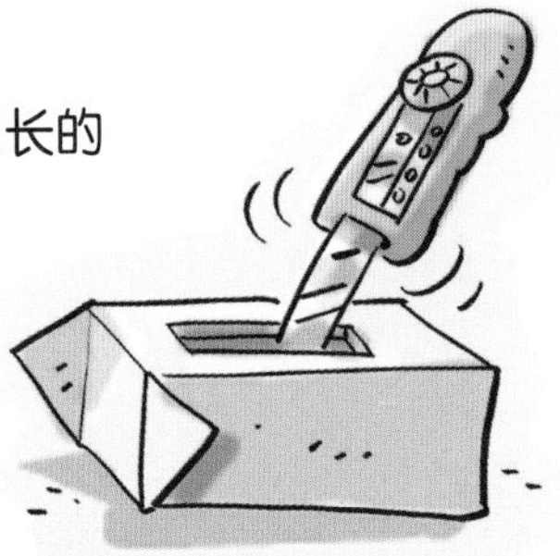

- 用磨砂纸把奶盒打磨光滑
- 在纸盒的背面剪出一个长方形小孔
- 用热熔胶把瓶盖粘在纸盒的正面

4 挥动刷子，用丙烯颜料装饰这个纸盒吧。

5 晾干之后，就尽情发挥你们的想象力吧：给它添上眼睛、嘴巴，还有小胡子等。

大家注意，如果你家里养了狗，最好不要做猫咪形状的存钱罐！

疯狂的铅笔

所需材料

- 小铅笔头或者折断的坏铅笔
- 旧杂志、旧漫画书或者彩纸
- 记号笔、羽毛、丝带等
- 剪刀
- 胶水
- 小刷子

1 从旧漫画书上剪下一个长方形，这个长方形要能卷住整支铅笔。

2 在这个长方形纸片的背面涂上胶水，在纸片上方粘上羽毛、丝带还有用纸剪出来的任意造型。

3 把铅笔卷在这个长方形纸片里，然后在外面刷上一层掺了水的胶水。这样可以让它摸起来更光滑！

吱！
吱！
吱！

用这个“疯狂的铅笔”画画，其乐无穷呢！

神奇的球拍

所需材料

- 大号洗涤剂瓶
- 小塑料球（比如乒乓球）
- 气球
- 小刀
- 一起玩耍的小伙伴（或者一只小狗）

1 把空瓶子洗干净，撕掉瓶身上的标签。

2 请家长帮你把瓶子沿右图中的虚线剪开。

3 把气球套在瓶口上，做成瓶塞。

4 大功告成！下面也给你的小伙伴们做几副球拍吧！

5 带上球，准备开始比赛吧！

什么？你们不知道怎么玩？
很简单！你们要先自己练练颠球。
然后，你们要组成两个队伍打比赛，在一个场地的两端标出两个球门来。
比赛的时候，你们要团结合作，用球拍互相传球。最后，进球得分！
如果你们想获胜的话……
只能寄希望于对方的守门员是一只可爱的小狗啦！
哇！

词汇表

哇喔！
垃圾桶

图书在版编目（CIP）数据

重生吧，垃圾！/（意）安娜丽萨·法拉利著；（意）麦克·马瑟里绘；李金韬，文铮译. -- 北京：北京联合出版公司，2018.1
（疯狂的垃圾）
ISBN 978-7-5596-1286-1

Ⅰ. ①重… Ⅱ. ①安… ②麦… ③李… ④文… Ⅲ. ①垃圾处理－少儿读物 Ⅳ. ①X705-49

中国版本图书馆CIP数据核字(2017)第285755号

I warmly thank Simone and all of the colleagues at Padova Tre.

This book has been realized thanks to the cooperation of:

padova tre
www.pdtre.it

Original title: C'era un'altra volta. La seconda vita dei rifiuti

Texts by Annalisa Ferrari and Mirco Maselli
Illustrations by Mirco Maselli

北京市版权局著作权合同登记号 图字：01-2017-7633号

重生吧，垃圾！

著　　者：[意] 安娜丽萨 · 法拉利
绘　　者：[意] 麦克 · 马瑟里
译　　者：李金韬　文　铮
总 策 划：陈沂欢
策划编辑：乔　琦
特约编辑：夏　雪
责任编辑：李　征
营销编辑：李　苗
装帧设计：杨　慧
制　　版：北京美光设计制版有限公司

北京联合出版公司出版
（北京市西城区德外大街83号楼9层　100088）
北京联合天畅发行公司发行
北京中科印刷有限公司印刷　新华书店经销
字数：130千字　889毫米×1194毫米　1/16　印张：5.5
2018年1月第1版　2018年1月第1次印刷
ISBN 978-7-5596-1286-1
定价：68.00元